BEI GRIN MACHT SICH IHR WISSEN BEZAHLT

- Wir veröffentlichen Ihre Hausarbeit,
  Bachelor- und Masterarbeit

- Ihr eigenes eBook und Buch -
  weltweit in allen wichtigen Shops

- Verdienen Sie an jedem Verkauf

Jetzt bei www.GRIN.com hochladen
und kostenlos publizieren

Benjamin Wolf

Aufnahme und Dokumentation von Feuchteschäden in Tiefgaragen. Ein Praxisbeispiel

GRIN Verlag

Bibliografische Information der Deutschen Nationalbibliothek:

Die Deutsche Bibliothek verzeichnet diese Publikation in der Deutschen National-
bibliografie; detaillierte bibliografische Daten sind im Internet über http://dnb.d-
nb.de/ abrufbar.

Impressum:

Copyright © 2012 GRIN Verlag GmbH
Druck und Bindung: Books on Demand GmbH, Norderstedt Germany
ISBN: 978-3-656-93566-7

Dieses Buch bei GRIN:

http://www.grin.com/de/e-book/295474/aufnahme-und-dokumentation-von-
feuchteschaeden-in-tiefgaragen-ein-praxisbeispiel

Aufnahme und Dokumentation von Feuchteschäden in Tiefgaragen

Ein Praxisbeispiel

Inhaltsverzeichnis

1 Einleitung

1.1 Ausgangssituation

Tiefgaragen als Teil von in den 1990er Jahren errichteten Bauwerken weisen häufig Schadensbilder infolge von Feuchteeinwirkung auf. Die treten zum Teil bereits nach einer Nutzungszeit von 10–15 Jahren auf. Auffällig ist, dass die festgestellten Schäden oft ähnlich und die Schadensmechanismen durchaus vergleichbar sind. Das Schadensbild hängt wird dabei wesentlich von der Baukonstruktion ab. Typische Konstruktionen sind zum einen die „Schwarzen Wannen" und zum anderen die wasserundurchlässigen (WU-)Konstruktionen, die sogenannten „Weißen Wannen". Beide Möglichkeiten stellen durchaus funktionsfähige Konstruktionslösungen dar, wenn bei Planung und Ausführung die Besonderheiten des jeweiligen Abdichtungskonzeptes beachtet werden.

Die zu untersuchende Tiefgarage wurde 1994 in Stahlbetonbauweise errichtet und gehört zum mehrgeschossigen Wohn-, Büro- und Geschäftskomplex in Dresden. Die Parkgarage erstreckt sich unter dem mehrflügeligen Gebäudekomplex mit Innenhof, die Zufahrt erfolgt straßenseitig über eine Rampe. Unmittelbar angrenzend befindet sich die Tiefgarage des Nachbarkomplexes, die über dieselbe Zufahrt erschlossen wird und von welcher eine Durchfahrt zum Untersuchungsobjekt führt.

Im Bereich rund um die Stellplätze sind ausgeprägte Pfützenbildung und Wasserflächen zu beobachten, die auf außerplanmäßigen Wasserzutritt schließen lassen. Weiterhin sind Risse und zum Teil starke Salzausblühungen vorhanden. Die Schäden wurden aufgenommen, hinsichtlich Art und Ursache untersucht. Weiterhin wurden Ansätze für das weitere Vorgehen erarbeitet.

1.2 Schadensbilder

Im hinteren Teil der Tiefgarage, im Bereich der Fahrwege 3 bzw. 4 (Bezeichnung siehe Anlage A) befinden sich größere Wasserflächen, welche je nach Gefälle der Bodenplatte unterbrochen sind und täglich abgepumpt werden. Abläufe zur Entwässerung der Bodenplatte sind weder an den Fahrwegen noch im Bereich der Stellflächen vorhanden. Insbesondere die Stellflächen rund um den Ausgang E sind durch stehendes Wasser gekennzeichnet. Durch zeitweise auftretende Schwankungen ist die Ausdehnung des Wasserstandes durch Wasserränder auf der Betonfläche markiert.
Aufgehende Wände rund um die unter Wasser stehenden Flächen weisen Salzausblühung und eine hohe Feuchtebelastung auf. Teilweise ist Bewehrungskorrosion an aufgehenden Wänden oder Stützen über der Bodenplatte sichtbar.
Auf der Bodenplatte sind bei den meisten Betonstützen weiß- bis graugefärbte Salzausblühungen sichtbar. Diese erstrecken sich außerdem auf Wandfüße von aufgehenden Wänden und teilweise über mehrere Stellplätze.
Die Risse sind auf dem untersuchten Fahrweg 3 netzartig verteilt. Im übrigen Bereich sind vereinzelt breitere Risse mit zum Teil aufgetrümmerten Risskanten vorhanden. Die Rissweite beträgt teils mehrere Millimeter. Arbeitsfugen sind vereinzelt bis auf mehrere Zentimeter aufgeweitet.

2 Durchführung der Untersuchungen

2.1 Ortsbegehungen

Um Aussagen über den Zustand des Bauwerks, das Ausmaß der Schäden und die weitere Vorgehensweise treffen zu können, fanden insgesamt drei Ortsbegehungen statt. Dabei waren mindestens zwei Personen anwesend.

Während der Begehungen erfolgte ein geometrisches Aufmaß der Tiefgarage, um die Bestandspläne mit Maßen zu ergänzen und zu aktualisieren. Alle Untersuchungsergebnisse wurden in den aktuellen Grundriss (Anlage 1) eingetragen. Zum Feststellen der Gefällesituation wurde ein Höhennivellement durchgeführt (Anlage 2). Der Wasserstand wurde auf der Oberseite der Bodenplatte gemessen und Feuchtemessungen auf Bauteiloberflächen vorgenommen.
Bodenplatte, Wände und Stützen wurden visuell auf Schadenserscheinungen wie Risse, Salzausblühungen, Bewehrungskorrosion und Feuchtebelastung untersucht. Die Schäden wurden in der Schadenskartierung erfasst (Anlage 3).
Zur Charakterisierung des Rissbildes wurden die Risse auf der Bodenplatte erfasst und an relevanten Stellen die Rissweite bestimmt.

2.2 Nivellement

Für die gesamte Tiefgarage wurde ein Flächennivellement mittels Rotationslaser und Messlatte durchgeführt. Zur Bestimmung der exakten Höhenlage wurde der Bezug zu außenliegenden geodätischen Punkten hergestellt.

2.3 Kartierung von Rissbildern

Für die Kartierung der Risse in Bodenplatte und an aufgehenden Wänden wurden diese lokalisiert und die Rissweiten mit Hilfe einer optischen Vergleichsskala (Risslineal) bestimmt. Zudem wurden aufgeweitete und ausgeplatzte Arbeitsfugen in den Plan aufgenommen.

2.4 Probenentnahme zur Salzanalyse

Im Bereich der Stellplätze 39 und 52 wurde je eine Salzprobe zur Analyse der Salzausblühungen entnommen. Zur Analyse hinsichtlich ihrer Art und Konzentration wurden die Proben an das Baustofflabor der Technischen Universität Dresden übergeben, um das Schädigungspotenzial für die Bewehrung und die Herkunft der Salze bewerten zu können. Die Stellen der Probenahme sind in Anlage 3 dokumentiert.

2.5 Feuchtemessung

An drei verschiedenen Stellen wurden mit einem Feuchtigkeits-Indikator (Fa. GANN) vertikale Feuchtemessungen vorgenommen. Mit einem Abstand von 10 cm zwischen den einzelnen Messpunkten wurde von Oberkante Fertigfußboden bis in eine Höhe von 1,50 m die Feuchteverteilung bestimmt. Anhand dieser Werte wurden Feuchteprofile (Anlage 4) erstellt. Die Stellen der Feuchtemessung können Anlage 3 entnommen werden.

3 Auswertung der Untersuchungen

3.1 Nivellement

Der Punkt im zentralen Einfahrtsbereich wurde als Nullpunkt gewählt. Dieser Punkt liegt auf einer Höhe von 204,24 m ü. NN und damit in dem am höchsten gelegenen Bereich der Tiefgarage.

Das Nivellement ergibt verschiedene lokale Tiefpunkte. Diese befinden sich am Ende der Fahrwege 1 und 2 mit ca. 2-3 cm Höhenunterschied zum gewählten Nullpunkt. Im Bereich der Stellplätze 61 und 62 ist eine Höhendifferenz von 13,40 cm messbar, im Fahrweg 3, im Bereich der quadratischen Stützen ist eine Höhe von -14,00 cm im Vergleich zum gewählten Nullpunkt messbar. Der absolute Tiefpunkt befindet sich mit -15,00 cm im Bereich des Hauseingangs D.

Trotz dieser Tiefpunkte kann nicht von einem Gefälle gesprochen werden. Einerseits spricht die Verteilung von Tiefpunkten für ein zufälliges Zustandekommen der Höhen (ein Gefälle z.B. zur Fahrwegmitte ist nur abschnittsweise gegeben), andererseits ist die Tiefgarage ca. 50 m lang; 15,00 cm Höhenunterschied entsprechen auf dieser Strecke einer Neigung von 0,3 %. Diese Neigung würde nicht ausreichen, um anfallendes Wasser zu einer Entwässerungseinrichtung zu transportieren.

Im Bereich des Fahrweges 3 ist mittig eine Aufwölbung der Bodenplatte erkennbar. Diese ist auch mit bloßem Auge sichtbar.

Es ist deutlich zu erkennen, dass der flächige Wasserstand in einem Bereich auftritt, der ca. 11,00 cm oder tiefer liegt als der selbstgewählte Nullpunkt. Dies betrifft den hintersten Bereich von Fahrweg 4 und den gesamten Fahrweg 3. Der Anfall von Wasser ist nicht auf ein vorhandenes Gefälle zurückzuführen, sondern vielmehr auf die tiefere Höhenlage.

3.2 Rissbilder

Risse treten hauptsächlich im Bereich von Fahrweg 3 und 4 auf. Auffällig ist, dass nahezu alle Risse parallel zu Fahrweg 3 verlaufen. Im Zusammenhang mit der in der Mitte von Fahrweg 3 festgestellten Aufwölbung liegt die Schlussfolgerung nahe, dass sich die Bodenplatte im Randbereich von Fahrweg 3 teilweise gesenkt hat. Die verstärkt vorhandenen und netzartig verteilten feinen Risse lassen auf eine erhöhte Beanspruchung des Betons im Bereich des aufgewölbten Fahrweges schließen.

In der Mittelachse von Fahrweg 3 befinden sich flächig netzförmige Risse mit einer Rissweite von max. 1,2 mm. Zwischen den Stellplätzen Nr. 65 und 74 wurden bereits lokale Ausbesserungen vorgenommen. Der Mörtel ist an dieser Stelle erneut gerissen (max. Rissweite 1,2 mm). Im vorderen Bereich des flächigen Rissbildes sind 5 parallel verlaufende Risse sichtbar (max. Weite 1,6 mm), wobei der mittlere die größte Rissweite hat und diese symmetrisch zu den Seiten hin abnimmt.

Die auf der gesamten Länge des Ganges im vorderen Bereich der Stellplätze 62-70 vorhandene Arbeitsfuge ist bis zu 2,5 cm aufgeweitet und die Ränder sind teilweise ausgeplatzt. Jeweils in der Mitte der Parkbuchten verläuft ein Einzelriss bis zur Außenwand. Die Weite dieser Risse beträgt maximal 3,0 mm. Teilweise wurden diese mit Mörtel ausgebessert, zeigten jedoch erneut feine Risse. Im Bereich der vorderen Parkbucht

(Stellplätze 63/64) sind 5 parallel verlaufende Risse mit einer maximalen Rissweite von 0,4 mm vorhanden.

Auffällige Risse sind im vorderen Bereich von Fahrweg 4 vorhanden, sie verlaufen annähernd parallel und haben eine maximale Rissweite von 4,5 mm. Einige der Risse beginnen am Wandfuß. Im hinteren Bereich von Fahrweg 4 ist ein großer Riss als Fortführung der Arbeitsfuge feststellbar. Von diesem Riss mit einer maximalen Rissweite von 5,0 mm ausgehend, verlaufen vier parallele Risse Richtung Wand. Die Ränder der Arbeitsfuge sind teilweise ausgeplatzt. Die maximale Aufweitung beträgt 5,0 cm. Aus den aufgeweiteten Arbeitsfugen tritt Wasser aus.

Im Bereich des Fahrweg 1 sind keine Risse vorhanden.

Im vorderen Bereich von Fahrweg 2 befinden sich senkrecht zueinander verlaufende Risse mit einer maximalen Rissweite von 2,0 mm. Ein Riss beginnt am Wandfuß. Im hinteren Bereich von Fahrweg 2 befinden sich Risse mit einer maximalen Rissweite von 1,5 mm. Auch hier beginnt ein Riss am Wandfuß, die anderen verlaufen annähernd parallel zur Mittelachse des Ganges.

Im Bereich der Wand zwischen Fahrweg 1 und 2 sowie in der Wand im vorderen Bereich des Fahrwegs 2 sind Risse in der aufgehenden Wand, welche diese scheinbar durchtrennen. Die Risse verlaufen senkrecht nach oben bis zum Unterzug, anschließend parallel zu diesem. Die maximale Rissweite beträgt 5,0 mm.

3.3   Salzanalyse

Die Salze auf der Bodenplatte können aus der Konstruktion selbst stammen. An einigen Stellen ist es jedoch offensichtlich, dass der Tausalzeintrag durch Fahrzeuge die Ursache ist (lokal beschränktes Auftreten von Salzausblühungen an Radstandflächen). Nur die Stellen mit offenbar aus der Bauwerkskonstruktion stammenden Salzausblühungen sind für die weiteren Untersuchungen von Bedeutung.

Im Labor wurden die vor Ort entnommenen Proben auf die 3 schadensrelevanten Salze bzw. deren wasserlösliche Anionen Sulfat, Chlorid und Nitrat untersucht. In der Tabelle 3.1 sind die qualitativen Ergebnisse der Analyse aufgeführt [1].

Tabelle 3.1: Qualitative Anionenuntersuchungen (wasserlöslich)

Probe	Sulfat	Chlorid	Nitrat
Probe 1	sehr stark positiv	sehr stark positiv	Spuren
Probe 2	sehr stark positiv	stark positiv	Spuren bis gering

Die Untersuchung zeigt, dass vor allem Anionen von Sulfat und Chlorid in großen Mengen vorhanden sind, während Nitrat nur in sehr geringen Mengen nachweisbar ist. Die sichtbare Salzbelastung (Salzausblühungen) tritt in Bereichen die ca. 2-3 cm tiefer liegen als der gewählte Nullpunkt, sowie in Bereichen von Arbeitsfugen auf. Eine Konzentration von Salzausblühungen ist entlang größerer Einzelrisse feststellbar.

Die Sulfate stammen sehr wahrscheinlich aus der Konstruktion und wurden durch das von unten in die Konstruktion eindringende Wasser gelöst und an die Oberfläche gebracht. Sulfat ist in vielen Baustoffen enthalten und kann über das Bindemittel oder die Gesteinskörnung in den Beton eingebracht werden. Ebenso ist denkbar, dass Sulfate aus dem anstehenden Boden in die Konstruktion eingetragen wurden.

Chloride dagegen stammen meist von Fremdsalzen. Im Fall von Tiefgaragen stammen sie überwiegend aus dem Eintrag von Tau- und Streusalzen. Da die Proben nach dem Winter und im Bereich von genutzten Stellplätzen entnommen wurden, ist damit auch die nachgewiesene hohe Konzentration zu erklären. Nitrat ist nur in Spuren nachweisbar.

3.4   Wasserstände/Feuchtigkeit

Wasserstände
Im Bereich des Fahrweges 3 steht flächig Wasser auf der Bodenplatte. Die Wasserstände variieren zwischen einer Befeuchtung der Oberfläche bis reichlich 2,5 cm an der tiefsten Stelle. Die Messung erfolgte vor dem täglichen Abpumpen, welches notwendig ist um die Begehbarkeit der Tiefgarage zu gewährleisten. Das Eindringen von Wasser ist an den aufgeweiteten Arbeitsfugen durch Wasserbewegungen sichtbar. Die maximalen Wasserstände spiegeln die im Nivellement ermittelten Höhenunterschiede wider.

Vertikale Feuchteprofile
Für die Messung des Feuchtegehaltes in den Bauteilen kam das Feuchtemessgerät „GANN Hydromette B 100/C 2000" zum Einsatz. Die Wände der Tiefgarage wurden in Stahlbetonbauweise mit einer Wichte von über 25 kN/m³ hergestellt. Dafür ergibt sich folgender Maßstab für die Auswertung der vertikalen Feuchtemessungen:

30-50 digits	sehr trocken
50-70 digits	normal trocken
70-90 digits	halbtrocken
90-120 digits	feucht
120-140 digits	sehr feucht
über 140 digits	nass

Vertikalprofil V1, zwischen Stellplatz 62 und 63, Mittelwand

Auf Höhe OK FFB wurde ein Wert von 138 digits gemessen. Nach oben genanntem Maßstab ist das Bauteil als „sehr feucht" zu bewerten. Bis in eine Höhe von 20 cm sinken die Messwerte auf 90 digits ab. Die restlichen Messwerte des Feuchteprofils schwanken zwischen 78 und 112 digits. In diesem Bereich ist das Bauteil als „halbtrocken" bis „feucht" einzustufen.

Vertikalprofil V2, zwischen Stellplatz 51 und 52, Trennwand zur benachbarten Tiefgarage

Hier wurde ein ähnliches Feuchteverhalten gemessen, wie im Vertikalprofil V1 beschrieben.

Vertikalprofil V3, Seitenwand Stellplatz 30, Mittelwand

Auch hier wurde auf Höhe OK FFB ein Wert von 138 digits („sehr feucht") gemessen. Dieser Wert nimmt mit zunehmender Höhe rasch ab und erreicht bereits 10 cm über OK FFB nur noch 91 digits („feucht"). Die restlichen Werte schwanken zwischen 51 und 78 digits, was das Bauteil als „normal trocken" bis „halbtrocken" einstuft.

Aus den Vertikalprofilen kann man ablesen, dass der Feuchtegehalt mit zunehmender Höhe abnimmt und in einer Höhe von 150 cm als „halbtrocken" bis „feucht" zu bewerten ist. Die hohen Feuchtekennwerte am Wandfuß deuten auf eine komplette Durchfeuchtung der Bodenplatte hin. Die Feuchtigkeit wird durch kapillares Saugen in die Wand eingetragen. Ein unmittelbarer Zusammenhang zwischen den gemessenen Feuchtekennwerten und der Salzbelastung der Wände ist nicht erkennbar.

3.5 Baugrundsituation

Der anstehende Baugrund wurde im Rahmen der durchgeführten Betrachtungen nicht untersucht. Für die Einschätzung der Baugrundsituation wurde das Baugrundgutachten [2] aus der Bauzeit von Anfang der 1990er Jahre herangezogen. Darin wurde der Untergrund des Komplexes nach DIN 18196 zur Festlegung der Bodenklassen sowie nach DIN 18300 zur Bestimmung der Bodenklassen beurteilt. Wesentliche Inhalte werden aus dem Gutachten wieder gegeben.

„[...] Der bodenmechanische Aufbau lässt sich wie folgt beschreiben: unter einer geringmächtigen Schicht Mutterboden stehen bis in mittlere Tiefe von 1,0 m unter GOK Böden aus Sanden, sandigen Schluffen und Kiesen an. Mit zunehmender Tiefe wurden Mittel- bis Feinsande mit Anteilen an feinkörnigen Böden (Korngröße d ≤ 0,063 mm zwischen 0% und 20%) festgestellt. Vereinzelt können organische Bestandteile oder ausgeprägte schluffige Zwischenlagen oder rollige Schichten, in Form von Mittel- bis Grobsandlinsen oder einzelner Kieslagen, angetroffen werden.

Nach DIN 18196 lassen sich die Böden den Gruppen SE, SW, SU und SU zuordnen. Es handelt sich nach DIN 18300 um Böden der Bodenklasse BKL 3 und 4.*

Bei den durchgeführten Erkundungen wurde ein Bodenwasserzutritt festgestellt. Ein echter Ruhewasserspiegel kann im gesamten Bereich der Dresdner Heide jedoch nicht angegeben werden. In einer Tiefe von 2,00 - 5,00 m unter GOK liegt ein nicht durchweg zusammenhängender, sogenannter oberer Bodenwasserhorizont vor. Grundsätzlich ist mit einem erhöhten Wasserzutritt zu rechnen. Die Aggressivität des Bodenwassers hinsichtlich Beton oder Eisen wurde mit „mittel" bewertet."

Aus dem Gutachten lassen sich folgende Empfehlungen für den Bau des Komplexes entnehmen:

- „Gründung kann als Flachgründung bzw. Gründung auf Streifenfundamenten und Platten ausgeführt werden"

- „Schwerkraftentwässerung ist möglich"

- „Drainmaßnahmen sind nach DIN 4095 auszubilden, Höchstwasserstand sollte durch geeignete Gebäudedraineinrichtungen soweit wie möglich abgemindert werden. [...]"[2, 3]

Tabelle 3.2: Wasserstände in den Bohrlöchern [3]

Aufschluss Nr.	Endteufe [m]	Ansatzpunkt [m ü.NN]	Grund-/ Schichtwasseraustritt		Bohrendwasserstand	
			[m ü.GOK]	[m ü.NN]	[m ü. GOK]	[m ü.NN]
RKS 1	4,00	204,60	0,70	203,90	0,70	203,90
DPH 2	7,80	204,60	0,60	204,00	0,60	204,00
DPH 3	7,50	206,70	2,60	204,10	2,60	204,10
DPH 4	7,00	206,70	2,50	204,20	2,50	204,20

In einem weiteren Gutachten, welches für einen Hotel- und Bürokomplex in der unmittelbaren Nachbarschaft erstellt wurde, wird der anstehende Boden mit ähnlichen Eigenschaften beschrieben. Aus den Untersuchungen wurde abgeleitet, dass unterhalb einer Tiefe von 205,8 m ü. NN Druckwasser haltende Dichtungen notwendig sind.

Zusammenfassend lässt sich sagen, dass bei beiden Komplexen der gleiche Untergrund ansteht und die Wasserverhältnisse ähnlich sind. Die Ergebnisse des Nivellements besagen, dass sich die Oberkante der Bodenplatte der Tiefgarage auf einer Höhe von 204,1 m ü. NN +/-10 cm befindet. Damit befindet sich der Wasserstand im Mittel auf Höhe der Bodenplatte bzw. unterhalb der Konstruktion (vgl. Tabelle 3.2) der zu untersuchenden Tiefgarage. Der anstehende Boden besteht aus gut durchlässigen Sanden, aufgrund von schluffigen/tonigen Einlagerungen kann es jedoch zu Stauungen kommen, welche den Wasserstand lokal ansteigen lassen. Diese Bodenverhältnisse sind bei der Planung und Ausführung eines Abdichtungssystems zu beachten.

4 Weiterführende Hinweise zum geplanten Abdichtungskonzept

Baukonstruktiv war in der Ausführungsplanung der Tiefgarage kein Abdichtungssystem vorgesehen. Die Bodenplatte wurde mit einer Stärke von 15 cm geplant. Die Anschlüsse an aufgehende Wände sind in den Ausführungsplänen mit dem Vermerk „Pappe einlegen" versehen. Dabei handelt es sich vermutlich um Bitumenbahnen (Abb.1.1 und 1.2). Diese Ausführung entspricht weder einer Weißen Wanne noch einer Schwarzen Wanne, den heute üblichen Bauweisen für Tiefgaragen. Für die Untergeschosse der angrenzenden Häuser war die Ausführung einer weißen Wanne mit einer Stärke der Bodenplatte von 30 cm bis 40 cm auf einer Unterbetonschicht von 5 cm vorgesehen.

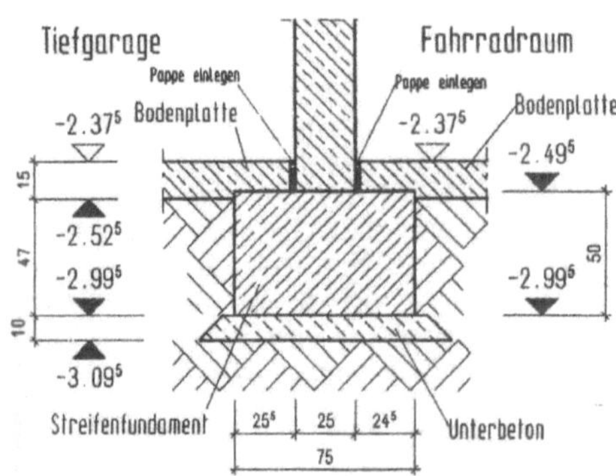

Abbildung 3.1:

Fugen im Bereich Bodenplatte und aufgehende Wand

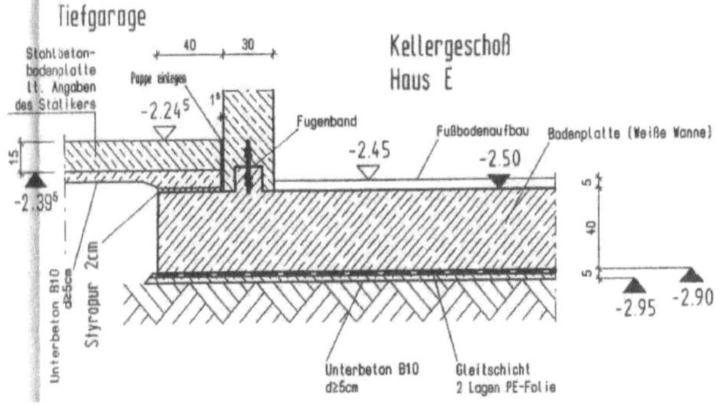

Abbildung 3.2:

Fugenbereich zwischen Tiefgarage und angrenzenden Kellerräumen

5   Zusammenfassung der Untersuchungsergebnisse

In der Tiefgarage existieren umfangreiche Schadensbilder, welche vor allem auf den Zutritt von Wasser über die Bodenplatte zurückzuführen sind. Wie den Bodengutachten zu entnehmen ist, ist das Gebäude auf gut durchlässigen Sanden gegründet, die Bodenplatte und die Höhe des Wasserstandes des Grund- bzw. Schichtenwassers liegen ungefähr auf einer Höhe von 204,1 - 204,2 m ü. NN.

Auf der Grundlage des Nivellements kann man davon ausgehen, dass die Bodenplatte direkt im Wasser steht. Laut der DAfStb-Richtlinie für wasserundurchlässige Bauwerke aus Beton (WU-Richtlinie) sind zum standardmäßigen Verzicht zusätzlicher Abdichtungen auf Bitumenbasis etc. Mindestdicken nach außen grenzender Bauteile einzuhalten. Diese betragen für Sohlplatten mindestens 25 cm, für nach außen grenzende Wände sind 24 cm gefordert. Die Ausführung von Bauwerken mit einer Weißen Wanne war zum Zeitpunkt des Baus der Tiefgarage bereits gebräuchlich. Detaillierte Ausführungsvorgaben in Form von Regelwerken wie der oben genannten WU-Richtlinie gab es noch nicht. Laut den Ausführungsplänen sind alle angrenzenden Kellergeschosse der Häuser in WU-Bauweise errichtet. Für die Tiefgarage selbst fehlt dieser Hinweis. Die Bodenplatte der Tiefgarage weist in den Plänen eine Stärke von 15 cm auf. Eine Flächenabdichtung unter- oder oberhalb der Betonplatte ist nicht geplant. Die nach außen grenzenden Wände haben eine Stärke von ca. 30 cm. Der Übergang zwischen der Bodenplatte und den aufgehenden Wänden ist mit dem Vermerk „Pappe einlegen" gekennzeichnet, womit eine Bitumenbahn gemeint sein kann. Eine abdichtende Wirkung ist jedoch nur garantiert, wenn sie mindestens 15 cm über die Anschlussfuge geführt wird. An sichtbaren und zugänglichen Stellen der Lichtschächte ist eine Bitumenbahn auf der Außenseite der Wände sichtbar. Im Innenbereich der Tiefgarage sind keine Abdichtungen feststellbar. Über evtl. vorhandene Abdichtungen und deren Wirksamkeit unterhalb der Bodenplatte können keine Aussagen getroffen werden.

Zusammenfassend lässt sich sagen, dass in den Ausführungsplänen weder das Konzept der Weißen Wanne noch das System der herkömmlichen Abdichtung (als Schwarze Wanne) umgesetzt wurde. Das unter der Bodenplatte anstehende Wasser kann somit fast ungehindert in die Konstruktion eindringen. In den tiefer gelegenen Bereichen der Tiefgarage äußert sich dies in dem flächigen Wasserstand. In höher gelegenen Bereichen zeigt sich das Vorhandensein von Wasser in der Konstruktion an den Salzausblühungen sowie den feuchtebelasteten Wänden (sichtbar; messbar: Feuchteprofile) mit teilweiser Bewehrungskorrosion.

Die nächsten Schritte sollten die Bestimmung des Grund- bzw. Schichtenwasserstandes sowie die gezielte Freilegung der Konstruktion beinhalten. Nur dadurch können konkrete Aussagen über die Stärke der Bodenplatte sowie das Vorhandensein und die Wirksamkeit der Abdichtungen und des Drainsystems getroffen werden. Um das Voranschreiten der Korrosion mit wirksamen Maßnahmen zu verhindern, sollte die Karbonatisierungstiefe des Betons sowie die Konzentration konstruktionsschädigender Salzen im Beton überprüft werden.

6 Fotodokumentation

Abbildung 5.1:

Stehendes Wasser im Bereich der Parkbuchten

Quelle: [4]

Abbildung 5.2:

Stehendes Wasser an aufgeweiteten Arbeitsfugen; sichtbare Feuchteschäden in Form von Bewehrungskorrosion und Salzausblühungen am Übergang Bodenplatte - Wand

Quelle: [4]

Abbildung 5.3:

Stehendes Wasser und Bewehrungskorrosion im Fugenbereich zwischen Tiefgarage und angrenzenden Kellerräumen

Quelle: [4]

Abbildung 5.4:

Freiliegende korrodierte Wandbewehrung

Quelle: [4]

Abbildung 5.5:

Bewehrungskorrosion am Fuß einer Stütze

Quelle: [4]

Abbildung 5.6:

Salzausblühungen am Fuß einer Stütze

Quelle: [4]

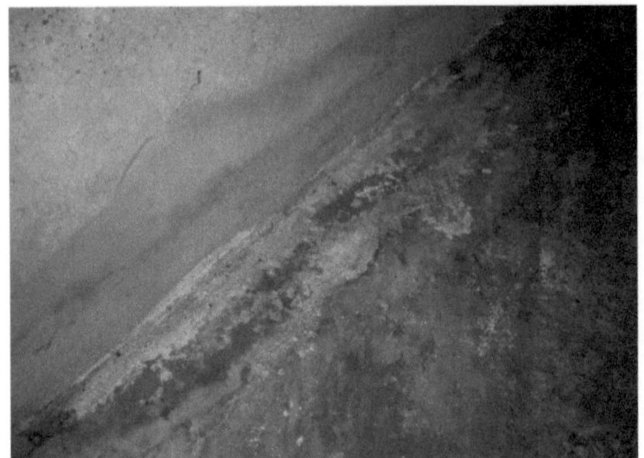

Abbildung 5.7:

Fugenbereich Bodenplatte/Wand; Feuchte und Salzausblühungen; Ausbesserungen mit Mörtel

Quelle: [4]

Abbildung 5.8:

Bewehrungskorrosion, Salzausblühungen, Feuchtigkeit und aufgeweitete Arbeitsfuge im Bereich einer Ecke

Quelle: [4]

Abbildung 5.9:

Aufgeweitete Arbeitsfuge an einer Wand, Betonabplatzungen am Übergang Wand zu Unterzug

Quelle: [4]

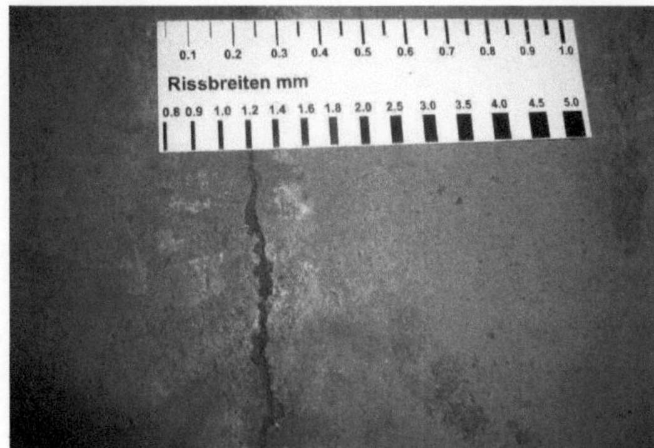

Abbildung 5.10:

Bestimmung der Rissweite mittels Rissweitenlineal

Quelle: [4]

Abbildung 5.11:

Intensive Salzausblühungen an breiten Einzelrissen

Quelle: [4]

Abbildung 5.12:

Probenahme der Salze

Quelle: [4]

Anlagenverzeichnis

Anlage 1   Grundriss Tiefgarage
Anlage 2Nivellement Tiefgarage
Anlage 3Schadenskartierung Tiefgarage
Anlage 4Vertikalprofile der Feuchtemessung

Quellenverzeichnis

[1] Institut für Baustoffe (2011): Prüfbericht „Anionenanalysen an Baustoffproben",
    Aktenzeichen 5.5-1 – 07/2011 (nicht veröffentlicht)

[2] IFB Eigenschenk + Partner GmbH (1993): Geotechnischer Bericht / Baugrundgutachten
    Nr. F 7630.027 (nicht veröffentlicht)

[3] IFB Eigenschenk + Partner GmbH (1991): Geotechnisches Gutachten Nr. 2/91/2274-1
    (nicht veröffentlicht)

[4] Wolf, B. (2011): Fotoaufnahmen während Besichtigung und Probenahme am Objekt

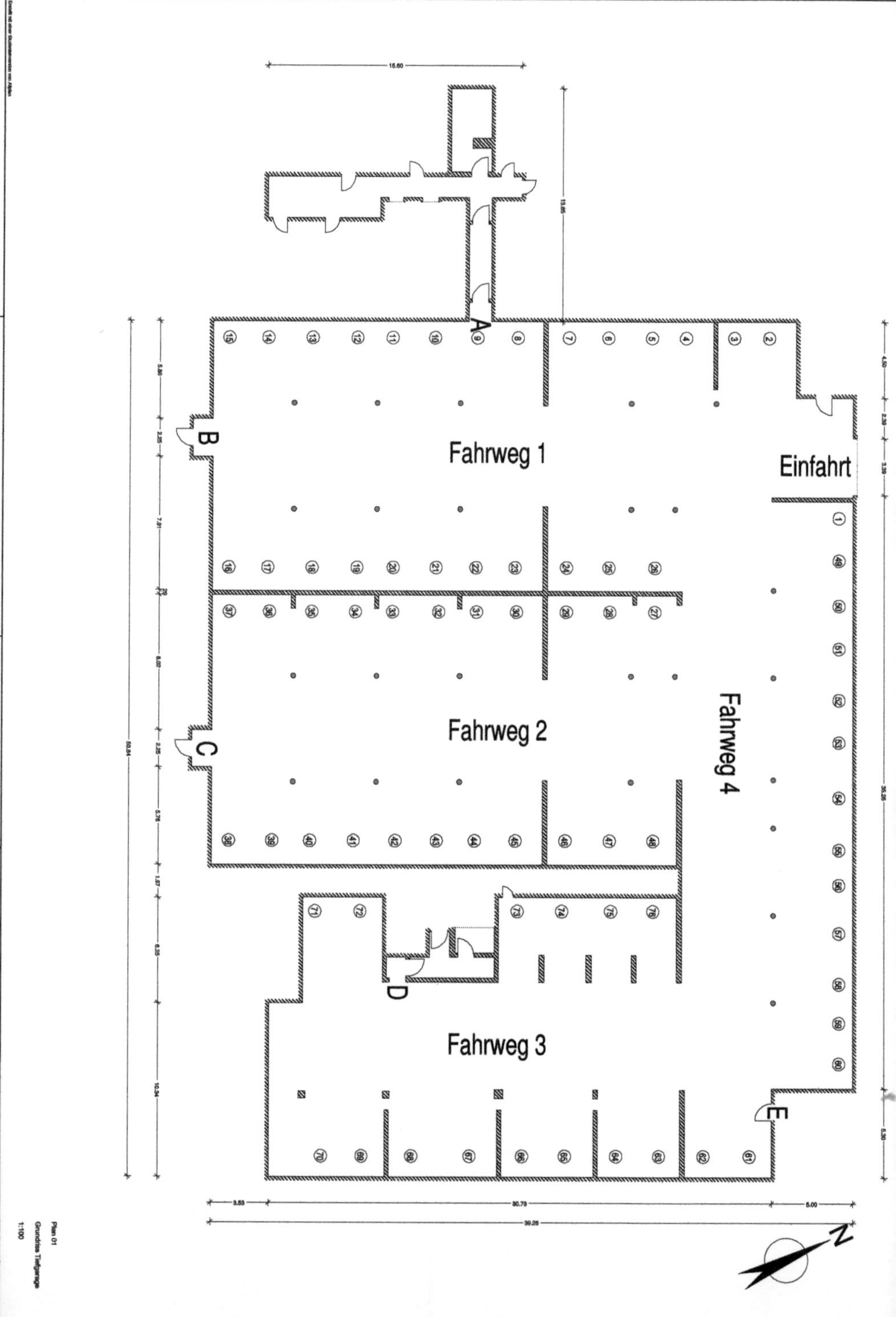
Einfahrt
Fahrweg 1
Fahrweg 2
Fahrweg 3
Fahrweg 4
A
B
C
D
E
N
Plan 01
Grundriss Tiefgarage
1:100

N
alle Höhenangaben in cm
Anlage 2

+ P2
+ P1
V3

Riss, min/max Rissweite [mm]
unregelmäßig netzartig verteilte Risse, min/max Rissweite [mm]
flächiger Wasserstand mit maximal 2,0cm Wassertiefe
Salzausblühungen
Salz-/Feuchtebelastung am Wandsockel
Putzabplatzungen am Wandsockel mit Höhenangabe
Bewehrungskorrosion
+ P1   Entnahme Salzprobe 1
+ P2   Entnahme Salzprobe 2
+ V1   Vertikalprofil V1
+ V2   Vertikalprofil V2
+ V3   Vertikalprofil V3
Plan 03
Schadenskartierung Tiefgarage
1:100
Erstellt mit einer Studentenversion von Allplan
H/B = 594 / 841 (0.50m²)

Vertikalprofil V1
zwischen Stellplatz 62 und 63, Mittelwand
Stahlbeton

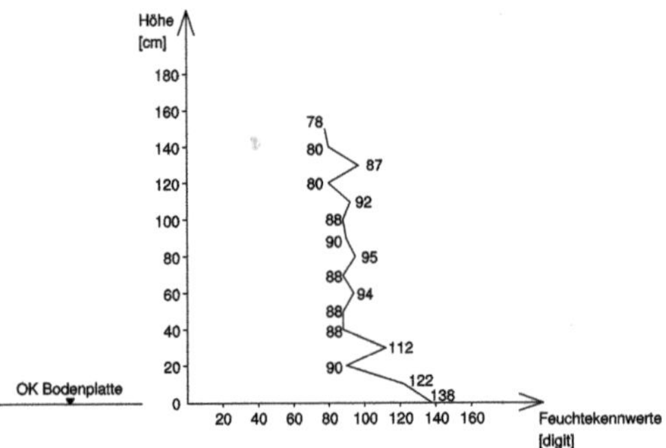

Vertikalprofil V2
zwischen Stellplatz 51 und 52, Trennwand zur benachbarten Tiefgarage
Stahlbeton

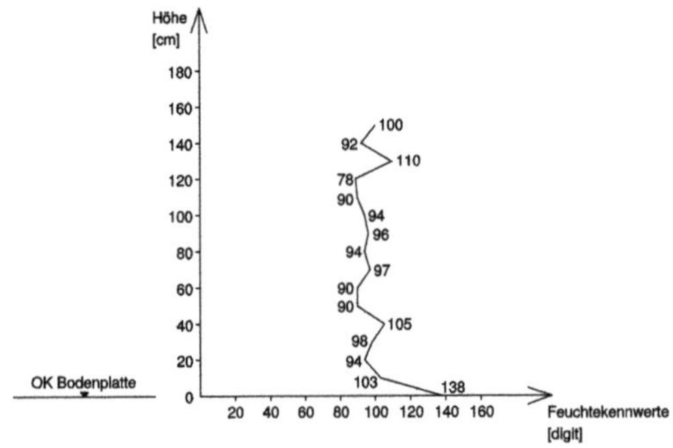

Vertikalprofil V3
Seitenwand Stellplatz 30, Mittelwand
Stahlbeton

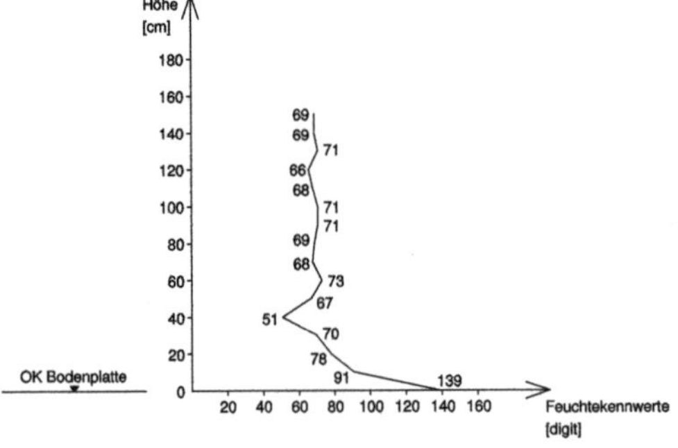

Plan 04

Vertikalprofile Feuchtemessung

1:100

H/B = 594 / 420 (0.25m²)